AF319653

NOTICE

SUR

LA VIE ET LES TRAVAUX

DE

M. SCHLEMMER

INSPECTEUR GÉNÉRAL DES PONTS ET CHAUSSÉES,

PAR

M. Ed. COLLIGNON,

Inspecteur général des Ponts et Chaussées. en retraite.

PARIS

Vᵛᵉ Ch. DUNOD, ÉDITEUR

LIBRAIRE DES CORPS NATIONAUX DES PONTS ET CHAUSSÉES, DES MINES
ET DES TÉLÉGRAPHES

49, Quai des Grands-Augustins, 49

—

1899

TOURS

IMPRIMERIE DESLIS FRÈRES

6, rue Gambetta, 6

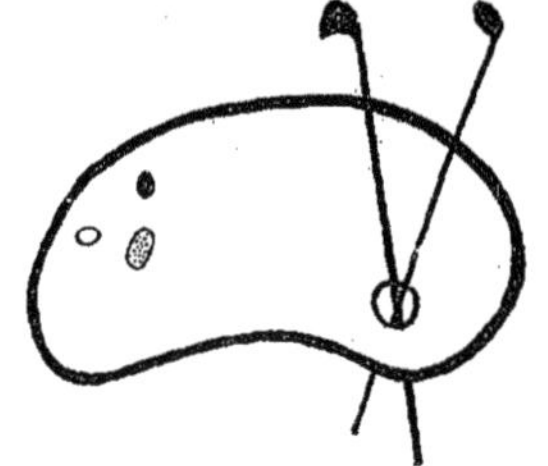

FIN D'UNE SERIE DE DOCUMENTS
EN COULEUR

NOTICE

SUR

LA VIE ET LES TRAVAUX

DE

M. SCHLEMMER

INSPECTEUR GÉNÉRAL DES PONTS ET CHAUSSÉES,

PAR

M. Ed. COLLIGNON,

Inspecteur général des Ponts et Chaussées, en retraite.

PARIS

Vᵉ Ch. DUNOD, ÉDITEUR

LIBRAIRE DES CORPS NATIONAUX DES PONTS ET CHAUSSÉES, DES MINES
ET DES TÉLÉGRAPHES

49, Quai des Grands-Augustins, 49

—

1899

NOTICE

SUR LA VIE ET LES TRAVAUX

DE

M. SCHLEMMER,

INSPECTEUR GÉNÉRAL DES PONTS ET CHAUSSÉES.

Nous essayons, dans la notice suivante, de raconter la vie d'un homme de bien, d'un habile ingénieur, qui a été l'un des plus dignes représentants du Corps auquel il a appartenu. Parmi nos lecteurs, il y en aura plusieurs qu'il a rencontrés dans sa longue carrière ; pour eux, notre récit réveillera des souvenirs auxquels ils doivent attacher un grand prix. Pour les autres, plus jeunes, ils s'intéresseront à la biographie d'un de leurs devanciers, dont l'exemple est encore bon à suivre, et, comme lui, ils tiendront à transmettre aux générations futures les traditions d'honneur qui ont toujours été le patrimoine du Corps des Ponts et Chaussées.

I

Georges Schlemmer naquit le 11 janvier 1820 à Erckartswiller, canton de la Petite-Pierre (Lützelstein), dans l'ancien département du Bas-Rhin. Son père était entré dans l'Administration forestière, lorsque les forêts qu'il gérait au compte de seigneurs allemands furent réunis au domaine de l'État français. C'était un homme très considéré dans le pays, et qu'on venait souvent consulter sur des questions litigieuses. La première enfance de Georges s'est écoulée dans ce milieu perdu au sein des massifs forestiers de l'Alsace. Mais le climat très rude d'Erckarts-

willer convenait peu à son tempérament, et, autant pour
lui faire respirer un air moins vif que pour commencer
son éducation, on l'envoya à la ville de Wasselonne, dans
la famille de sa mère, où il reçut à l'école primaire les
premiers rudiments des connaissances humaines. L'instruc-
tion s'y donnait en allemand, ou plutôt en alsacien ; c'est
seulement à quatorze ans que Georges Schlemmer commença à apprendre et à parler la langue française. Il per-
dit son père de bonne heure et se trouva, tout jeune
encore, sans autres protecteurs que sa mère, quelques
parents du côté maternel et quelques amis.

De l'école de Wasselonne, Georges, âgé de quatorze
ans, passa au collège communal de Phalsbourg, où les
cours se faisaient en français. Les notes qui restent de
son séjour dans ce collège le signalent comme un élève stu-
dieux et appliqué, d'un caractère affable, et ayant déjà
un remarquable esprit de conduite. Lorsqu'il s'agit pour
lui d'achever son éducation et de choisir sa carrière, il
quitta Phalsbourg et entra dans la classe de philosophie,
au Collège royal de Nancy. Ses goûts, à cette époque,
l'auraient dirigé vers le professorat. Mais les rapides pro-
grès qu'il fit dans les sciences le déterminèrent à courir
les chances des examens d'entrée à l'École polytechnique,
et le succès couronna ses efforts. Après une préparation
qui fut nécessairement très rapide, il fut reçu en 1840 à
l'École le 101ᵉ sur une promotion de 210.

Le régime de l'École polytechnique profita bien à Georges
Schlemmer, qui, du rang de 101ᵉ à l'entrée, monta au
troisième rang au passage, reçut en seconde année les
galons de sergent-fourrier, et fut chef de la salle Onze pendant la session 1841-1842 ; à la sortie, il fut classé le qua-
trième sur la liste générale, et le second dans la promotion de 34 Élèves-Ingénieurs qui entrèrent cette année-là
à l'École des Ponts et Chaussées.

Ces 34 Élèves ne passèrent à l'École de la rue Hillerin-

Bertin (*) que deux ans, et furent versés dès 1844 dans les services actifs. Schlemmer reçut pendant cette période deux missions intéressantes, bien propres à développer en lui le goût du métier qu'il venait de choisir. En 1843 il fut attaché au service du canal de la Marne au Rhin, et spécialement chargé de suivre les travaux du souterrain de Liverdun (Meurthe) ; en 1844 il fut envoyé dans le département de Saône-et-Loire et remplaça par intérim l'Ingénieur de la Navigation.

Le 1er décembre 1844, étant encore Élève-Ingénieur, il fut chargé du service de l'arrondissement de Moulins et des études de chemin de fer à travers le département de l'Allier. C'est seulement dix-huit mois plus tard, le 16 mai 1846, qu'il reçut le grade d'Aspirant, remplacé aujourd'hui par celui d'Ingénieur de troisième classe. Après quelques mois de résidence à Saint-Amand (Cher), où il fit les études de la ligne de Vierzon à Clermont-Ferrand, il alla se fixer à Moulins, au centre de son service. Malheureusement il y gagna une fièvre muqueuse, dont il se remit à peu près à Moulins, mais dont il n'obtint la guérison parfaite que par un séjour de quelques semaines sur la côte de la Méditerranée.

Nommé Ingénieur de deuxième classe le 8 mai 1847, il resta jusqu'en 1853 dans la région du Centre, occupé à construire pour le compte de l'État, sur une longueur d'environ 40 kilomètres, la portion du chemin de fer comprise entre Le Guétin et Villeneuve. Sa résidence avait été ramenée à Nevers. Certains tronçons de la ligne à construire offraient de grandes difficultés, notamment aux environs de Saint-Pierre-le-Moutiers, où elle traverse en souterrain une épaisse formation argileuse. Schlemmer sut s'en tirer à son honneur. A ces travaux de

---

(*) L'École des Ponts et Chaussées occupait en 1842 un local situé rue Hillerin-Bertin, aujourd'hui rue Vaneau ; elle n'a été transférée au n° 28 de la rue des Saints-Pères qu'en 1845.

construction, il réunit de 1849 à 1851 un service de création récente, le service hydraulique du département de la Nièvre.

Il s'est toujours rappelé avec plaisir ces premières années de sa carrière, et les excellents chefs, Boucaumont aîné, puis Boucaumont jeune, sous les ordres desquels il avait été placé. Leur amitié lui a toujours été très précieuse. Nous disons bien : *leur amitié ;* car il semblait destiné par son caractère à conquérir plus que l'estime de ses chefs. Nous pouvons citer, à titre d'exemples, Jordan, Thirion, au chemin de fer de Genève ; Charles Collignon, qu'il avait rencontré comme ingénieur en chef à sa mission de 1843, qu'il retrouva plus tard Directeur Général de la Grande Société des chemins de fer russes, et qui lui prodigua toute sa vie les marques d'une affection toute paternelle.

Nous arrêtons là, en 1853, notre première période, celle des débuts. L'ingénieur s'est formé ; il s'est révélé comme constructeur ; il a montré son aptitude à concevoir et à diriger les travaux. Jusqu'ici Schlemmer a travaillé pour le service de l'État. Nous allons le voir passer au service des Compagnies et quitter la France : transformation qui fait époque dans sa vie, et qui est d'ailleurs contemporaine de l'une des plus brillantes phases de l'histoire du Corps des Ponts et Chaussées.

II

Après les hésitations des premiers essais, le développement des chemins de fer se poursuivait alors en France avec une grande énergie, et le Corps des Ponts et Chaussées y contribuait pour une large part, en fournissant à la construction un grand nombre de ses ingénieurs les plus distingués. Le mouvement ne tarda pas à franchir les limites de notre pays. De véritables colonies d'ingé-

nieurs français furent appelées à coopérer à la création
des réseaux étrangers. L'Italie, l'Autriche, la Russie,
l'Espagne, offrirent, chacune à son tour, un champ d'action
où nos camarades furent admis à faire l'application de
leurs connaissances et de leurs talents. Sans doute l'in-
tervention des capitaux français dans la formation des
Compagnies étrangères fut pour beaucoup dans l'enrôle-
ment de nos ingénieurs par ces grandes entreprises
internationales. Il est permis de croire aussi que la réputation d'intégrité du Corps et ses traditions de droiture
ont pesé d'un certain poids dans la balance où l'on appré-
ciait les diverses prétentions rivales.

La Compagnie de Lyon à Genève, dans laquelle Schlemmer entra d'abord, était encore une Compagnie française.
Le tronçon dont la construction lui fut confiée pénétrait
seul sur le territoire suisse. Il alla habiter Genève ; il fut
chargé de construire la ligne sur une longueur de 38 kilomètres environ, comprenant toute la portion suisse du
tracé, et une portion française jusqu'au-delà de la station
de Bellegarde. Les plus grands ouvrages de la section, et
même de la ligne entière, sont accumulés sur cette dernière
partie. Le tunnel du Credo, d'une longueur de 4 kilomètres,
perce un épais contrefort qui domine la rive droite du
Rhône. Le tracé du souterrain comprend deux aligne-
ments droits, raccordés par une courbe d'environ
871 mètres de développement et de 800 mètres de rayon.
La percée est faite au travers de couches de molasse
très peu stables, qui ont donné lieu à de sérieuses difficultés. Le Rhône formait, à l'époque de la construction,
la frontière entre la France et le royaume de Sardaigne.
Si les deux rives avaient été françaises, comme elles le
sont aujourd'hui, on aurait fait passer le tracé sur la rive
gauche du fleuve, où il n'aurait pas rencontré d'obstacles.
A la sortie du tunnel du côté de Lyon, le chemin franchit
la vallée de la Valserine, torrent qui descend des mon-

tagnes du Jura et va se jeter dans le Rhône. L'ouvrage construit comprend un long viaduc de onze arches, dont trois petites sur la rive gauche du torrent, sept petites sur la rive droite, et, entre ces deux groupes, une grande arche jetée sur le lit profondément encaissé de la Valseline; elle a 32^m,40 d'ouverture, avec 47 mètres de hauteur entre le fond de la vallée et le dessous de la voûte. Cette grande arche, d'abord projetée avec double étage de voûtes, a été exécutée après suppression de la voûte inférieure admise dans le premier projet. Elle forme encore aujourd'hui un fort bel ouvrage, encadré dans un paysage des plus pittoresques. L'ensemble de ces travaux a fait le plus grand honneur à Schlemmer et lui a valu la croix de la Légion d'honneur à l'inauguration de la ligne de Genève (1858). Une lettre qu'il reçut à cette occasion du Vice-Président du Conseil administratif de la ville de Genève a complété pour ainsi dire la distinction qui lui était si légitimement accordée; à ses félicitations l'auteur de la lettre ajoutait en effet l'expression de ses regrets, à la pensée que la Suisse n'avait aucune décoration à joindre au ruban rouge de la France, pour récompenser d'éminents services et reconnaître le succès complet d'une belle série de travaux.

Schlemmer avait acquis dès les premiers jours une excellente situation à Genève. De nombreuses relations, dont quelques-unes ont donné naissance à de véritables amitiés, ont contribué au charme et à l'intérêt de son séjour dans cette ville. Le travail ne lui manquait pas d'ailleurs. Outre la ligne principale dirigée vers Lyon, il construisait un tronçon du prolongement de cette ligne vers Lausanne pour la traversée de l'enclave de Versoix, qui appartient au canton de Genève tout en se trouvant englobée dans le canton de Vaud. Il avait été adjoint au Comité suisse chargé de préparer la concession d'une ligne de Lausanne à Berne par Fribourg, qui, construite à présent et prolongée vers Lucerne, vers Zurich, vers Bâle... constitue l'une des principales artères du réseau de la plaine suisse.

La Compagnie de Lyon à Genève fut bientôt englobée dans la Compagnie de Paris à Lyon et à la Méditerranée, et Schlemmer devint libre, dès 1859, de porter son activité sur un autre théâtre.

La Grande Société des chemins de fer russes, fondée en 1857, fut placée pendant ses cinq premières années sous une direction française. Une vingtaine d'ingénieurs des Ponts et Chaussées, de différents grades, s'enrôlèrent dans cette Société en 1857 et, formant avec les ingénieurs russes un personnel international, se mirent sur-le-champ à l'étude des lignes à construire. A la fin de 1858, le réseau avait été étudié dans la plus grande partie de son étendue ; mais les travaux avaient été concentrés presque exclusivement sur les lignes de Pétersbourg à Varsovie et de Moscou à Nijni-Novgorod. Les autres lignes, d'abord ajournées, furent ensuite retirées de la concession par l'accord intervenu entre le Gouvernement et la Compagnie. En 1859, la construction avançait sur la ligne de Varsovie et sur son embranchement de Vilna à la frontière de Prusse. L'exploitation, ouverte sur les sections les plus voisines de Pétersbourg, devait être organisée sur les sections suivantes au fur et à mesure de l'avancement des travaux.

C'est la position de Directeur-adjoint de l'Exploitation pour cette ligne de Varsovie qui fut offerte à Schlemmer lorsqu'il quitta la Suisse. Le directeur titulaire était M. Charles Poirée, lequel était arrivé en Russie dès l'hiver de 1857, avec l'avant-garde des ingénieurs français. Il mourut en 1860 ; son adjoint hérita de sa position et de son titre, qu'il conserva jusqu'à la fin de la gestion française. La résidence de Schlemmer fut fixée à Pétersbourg, où l'appelaient ses fonctions nouvelles, et où il retrouvait une partie de sa famille ; cette circonstance n'a pas été étrangère à son acceptation d'une offre qui l'entraînait si loin de son pays.

Avant d'entrer en fonctions, il avait étudié l'exploitation des chemins français, sur le réseau du Midi principalement, puis celle des lignes de l'Allemagne centrale, de sorte qu'il arrivait à son nouveau service muni d'une ample moisson de documents.

Il n'en est pas de l'exploitation comme de la construction, au point de vue du récit qu'on en peut faire. S'il est aisé de retracer en quelques mots l'œuvre de l'ingénieur qui élève de beaux ouvrages ou qui ouvre de nouvelles lignes à la circulation, les détails d'une exploitation à organiser, la multiplicité des mesures à prévoir et à transformer en règlements, les difficultés matérielles et morales que l'on rencontre, se prêtent mal à un résumé rapide et conduiraient à des développements tout à fait dépourvus d'intérêt. Aussi nous bornerons-nous à donner une appréciation de l'œuvre de Schlemmer, en extrayant le passage suivant d'une lettre écrite, en 1862, par son chef, le Directeur Général de la Grande Société, pour recommander au Ministre des Travaux publics son ancien collaborateur :

« C'était une très lourde tâche que celle d'organiser l'exploitation sur 1.200 verstes (1.380 kilomètres) de chemin de fer, dans un pays aussi dépourvu de ressources en personnel et en matériel que l'est la Russie (*). Grâce à un travail opiniâtre, à un dévouement de chaque jour au milieu d'occupations toujours pressantes, à un esprit très organisateur et éminemment pratique, M. Schlemmer a créé et mis en mouvement une exploitation plus vaste qu'aucun Ingénieur n'en a eu à diriger, et cette exploitation a toujours fonctionné avec une régularité que les difficultés locales ne permettaient guère d'espérer... »

Signé : Charles COLLIGNON.

(*) Écrit en 1862.

Schlemmer quitta Pétersbourg au mois de juin 1862 et revint en France en traversant la Suède, le Danemarck, l'Allemagne et l'Autriche. Ainsi s'est terminée pour lui cette laborieuse et honorable campagne de trois années, qui lui a laissé et nous a laissé à tous d'excellents souvenirs. C'est à Pétersbourg qu'a commencé pour nous cette vie de famille, qu'il nous a été possible de renouveler plus tard à Paris, et qui a répandu tant de charme sur notre existence à tous.

De retour en France, Schlemmer se trouvait au bout de son congé et en position de passer à la première classe de son grade ; aussi demanda-t-il la faveur de rentrer au service de l'État.

Il fut chargé, sous les ordres de M. l'Ingénieur en chef Le Père, du service ordinaire de l'arrondissement de Clermont (Oise), avec ses compléments, service vicinal et service hydraulique. C'est dans ces fonctions qu'il reçut sa promotion à la première classe, pour prendre rang à partir du 1er mai 1863.

Nous relevons les passages suivants dans les notes de son Ingénieur en chef :

Aptitude spéciale : « Pour les grands travaux d'art. »

Observations particulières : « Le soussigné n'a qu'une crainte, c'est que M. Schlemmer ne cherche un service plus intéressant que celui de l'arrondissement de Clermont. »

Signé : LE PÈRE.

La crainte exprimée par M. Le Père était fondée. Il est certain qu'un Ingénieur qui a dirigé d'importants travaux et qui vient de mener de grandes affaires, n'est pas l'homme qui suivra avec intérêt les mille détails d'un service d'arrondissement, fût-il même complété par le service vicinal et le service hydraulique. Il s'acquittera régulièrement de ses obligations s'il est consciencieux, mais il songera à trouver autre part des occupations mieux en rapport avec ses aptitudes et avec ses goûts.

Une proposition de la Compagnie autrichienne de la Süd-Bahn, qui offrait à Schlemmer une position de Directeur-adjoint de l'exploitation, avec la résidence de Vienne, s'étant produite à cette époque, il justifia les appréhensions de son Ingénieur en chef et demanda un nouveau congé. Son séjour à Clermont n'a donc duré que quelques mois, et forme comme un hors-d'œuvre dans l'ensemble de sa carrière. Il entra, le 1er juillet 1863, au service de la Compagnie viennoise, en qualité d'adjoint au Directeur de l'Exploitation pour la partie du réseau livrée à la circulation, et aussi comme Ingénieur en chef de la construction d'une ligne située sur le territoire italien, la ligne de Padoue à Rovigo ; à cette époque, en effet, la Vénétie faisait encore partie de l'empire d'Autriche.

Jusqu'à présent nous avons vu Schlemmer réussir dans tout ce qu'il avait entrepris. Cette constance du succès ne s'est malheureusement pas continuée en Autriche. Son séjour à Vienne a été écourté, à bref délai, par de sérieuses menaces de maladie.

Déjà, en 1857, Schlemmer, qui possédait très bien la langue allemande, avait reçu des offres réitérées de la Compagnie autrichienne du chemin de fer François-Joseph (*). Il les avait refusées, parce qu'il tenait à terminer ses travaux de Genève, mais aussi parce qu'il redoutait le climat de Vienne pour lui et pour les siens. La capitale de l'Autriche n'a pas une excellente réputation au point de vue sanitaire. Les vents d'Est, qui soufflent fréquemment, sèment dans la ville les miasmes recueillis au passage sur les marais de la Hongrie, et il suffit d'ouvrir un journal local pour y trouver le relevé des nombreuses

---

(*) Le réseau François-Joseph a été depuis partagé entre les Compagnies concessionnaires voisines.

victimes du typhus et de la tuberculose. Les étrangers, et surtout les Français, paraissent particulièrement soumis au tribut ainsi prélevé sur les vies humaines. Le personnel supérieur de la Compagnie de la Staats-Bahn, fondée par Maniel en 1855, avait été cruellement éprouvé à son arrivée à Vienne : deux de ses plus jeunes ingénieurs étaient morts coup sur coup. Les craintes de Schlemmer en 1857 reposaient donc sur une base positive, celle des faits observés.

Mais, en 1863, il venait de faire un séjour de trois ans à Saint-Pétersbourg, sous un climat autrement rigoureux que celui de Vienne, et il y avait très bien résisté. Il pouvait se croire en état d'opposer la même résistance aux influences morbides de l'Autriche, et c'est ce qui le détermina à accepter les offres de la Süd-Bahn et à quitter encore une fois la France.

Installé à Vienne, Schlemmer se remit à l'œuvre, comme toujours, avec une grande activité. La construction de la ligne de Padoue à Rovigo lui plaisait particulièrement ; mais l'exploitation de la grande ligne de Vienne à Trieste, avec les embranchements qu'elle lance vers la Hongrie, vers la Croatie, vers la Carniole, les aménagements des gares aux extrémités de la grande ligne et du port de Trieste, lui donnaient une foule d'intéressants sujets d'étude. Quelques malaises avant-coureurs le forçaient cependant de s'occuper de sa santé plus qu'il n'en avait l'habitude. En 1863, il avait fait une saison aux eaux de Kissingen. En 1864, il devait prendre les eaux de Carlsbad ; mais il ne fit que séjourner dans cette ville sans pouvoir y faire une saison. Vers la fin de 1864, il tomba tout à fait malade, et le mal prit pendant l'hiver suivant un caractère assez grave pour qu'il ait dû quitter l'Autriche et abandonner la position qu'il occupait à la Süd-Bahn, dès le mois de mars 1865.

Le climat de Vienne paraît avoir été ici le vrai coupable. Schlemmer quitta le service de la Compagnie et alla se refaire à Nice. En quelques semaines, grâce à un climat vivifiant dont il avait déjà autrefois éprouvé la bienfaisante influence, grâce aux soins intelligents et dévoués qui lui furent prodigués, il retrouva sa belle santé des anciens jours. Il n'est pas exagéré de dire que, de ce moment à ses dernières années, sa santé a toujours été en se fortifiant. Quelques mois de repos sous un ciel favorable ont suffi pour opérer en lui, aux yeux de tous ceux qui l'avaient vu à Vienne, une véritable métamorphose.

III

Schlemmer ne rentra pas tout de suite dans l'Administration des Ponts et Chaussées. Il consacra à un repos réparateur tout l'été de 1865. Après avoir obtenu sa guérison complète sur la côte de la Méditerranée, il partagea son temps entre une station au bord de la mer, en Normandie, et une autre près de Fribourg-en-Brisgau, au pied de la Forêt-Noire. Ce n'est que le 10 novembre qu'il fut remis en activité, et qu'il prit, dans le département des Bouches-du-Rhône, le service de l'arrondissement d'Aix, auquel étaient rattachés le contrôle de la construction du canal du Verdon et le service de la Durance. Un peu plus tard, il y réunit le contrôle des travaux sur les embranchements du chemin de fer de Paris à la Méditerranée.

Il passa trois années dans la résidence d'Aix, en s'acquittant très bien des diverses fonctions qui lui étaient dévolues. Son nouveau chef, M. Monnet, Ingénieur en chef des Bouches-du-Rhône, se félicite dans ses notes d'avoir acquis la collaboration d'un ingénieur aussi expérimenté ; il constate que sa santé est tout à fait rétablie ;

il le reconnaît apte à toutes les branches du service, et, après des appréciations qui varient du *parfait* à l'*excellent*, ne trouve à lui adresser qu'un bien léger reproche : celui d'avoir avec ses subordonnés des rapports « très bons, peut-être un peu trop bienveillants ». Parmi les diverses questions que Schlemmer eut à traiter pendant son séjour à Aix, nous citerons comme l'une des plus intéressantes l'étude du régime de la Durance, pour laquelle il dressa, de 1865 à 1867, la courbe des débits journaliers.

Il prolongea son séjour à Aix jusqu'au 1er novembre 1868. Il y avait été apprécié aussi bien comme homme du monde que comme ingénieur; son entrain, son urbanité, ont laissé les souvenirs les plus flatteurs dans la vieille cité parlementaire. Des raisons de famille le rappelaient à Paris et le décidèrent à quitter une résidence aussi agréable. En 1868, M. Monestier, nommé Ingénieur en chef, laissait vacant un poste d'Ingénieur du contrôle de l'exploitation des chemins de fer Paris-Lyon-Méditerranée, et Schlemmer fut désigné pour le remplacer. Arrivé à Paris vers la fin de l'année, il s'installa dans une maison récemment construite sur le boulevard Saint-Germain : il y a passé les trente dernières années de sa vie.

Le contrôle des chemins de fer était déjà laborieux en 1868. Schlemmer conserva son service du 1er novembre 1868 au 1er août 1871. Lorsqu'en 1870 la guerre éclata et que Paris fut menacé, le contrôle fut transporté à Nevers, où il séjourna jusqu'à la fin des hostilités. En sa qualité d'Alsacien, Schlemmer opta en 1871 pour la nationalité française, non sans protester contre l'annexion de son pays natal à l'Allemagne.

Rentré à Paris, à la paix, il en sortit une seconde fois pendant la Commune, et ce n'est qu'en juin 1871 qu'il reprit définitivement possession de ses foyers. Cette même année, il abandonna le contrôle, qu'il avait conservé trois ans environ, pour prendre la succession de M. de Fourcy, comme secrétaire de l'une des sections du Conseil général des Ponts et Chaussées. C'est dans ces nouvelles fonctions qu'il reçut sa nomination d'Ingénieur en chef de deuxième classe. Il arrivait à ce grade à cinquante-deux ans ; les ingénieurs qui avaient quitté le service de l'État pour passer au service des Compagnies étaient, surtout à cette époque, exposés à un avancement tardif.

Son nouveau service de secrétaire de section le mettait en rapport direct avec les Inspecteurs généraux qui formaient alors la tête du Corps des Ponts et Chaussées. Il lui faisait passer sous les yeux une foule de questions instructives et intéressantes. Si l'on demande à quoi un ingénieur aussi actif, longtemps appelé à diriger de grandes affaires, pouvait employer les loisirs que lui laissait son secrétariat, nous répondrons que Schlemmer savait s'intéresser à tout, qu'il avait un esprit chercheur et philosophique, qu'il aimait passionnément la lecture, et qu'il savait se tenir au courant du mouvement littéraire et du mouvement scientifique. En somme, la période que nous traversons ici ne lui a pas laissé un moment d'ennui. C'est alors qu'il publia, dans les *Annales des Ponts et Chaussées*, plusieurs études sur le droit administratif : l'une en 1874, *sur la Jurisprudence en matière de délimitation des cours d'eau du domaine public ;* une autre en 1876, *sur la Propriété des alluvions dites artificielles ;* une troisième la même année, *sur les Commissions spéciales prévues par la loi du 16 septembre 1807.* Ces articles ont été remarqués par les lecteurs des *Annales* et ont valu à l'auteur de flatteuses félicitations.

Le secrétariat de section était pour Schlemmer un service tranquille, dont il s'accommodait très bien, et dont il a tiré un bon parti. Ses amis trouvaient néanmoins que ce service n'était pas en rapport avec sa valeur, et s'attendaient à lui voir jouer tôt ou tard un rôle plus important. Ce rôle se préparait pour lui.

M. de Franqueville mourut en 1876, après avoir occupé pendant plus de vingt ans la Direction des Travaux publics. Cet événement fut l'occasion d'une transformation des services intérieurs du Ministère. Au lieu de concentrer dans la même main les Routes, la Navigation et les Chemins de fer, on créa deux Directions distinctes, l'une pour les chemins de fer seuls, l'autre pour les routes et la navigation réunies. On offrit à Schlemmer la première de ces deux Directions ; il l'accepta, non sans regretter un peu la tranquillité des années qui venaient de finir. Sa nomination date du 25 octobre 1876. Les Directions des Ministères sont toujours fort laborieuses et laissent peu de loisirs à ceux qui en sont chargés. A quelques exceptions près, d'autant plus honorables qu'elles sont plus rares, elles usent vite les hommes auxquels elles sont confiées. Comme capacité et comme santé, Schlemmer s'est montré à la hauteur de l'épreuve. Il ne conserva pourtant pas longtemps sa nouvelle situation sans qu'elle reçût une modification profonde. Lorsqu'à l'issue de la crise du 16 mai le parti républicain prit possession des affaires, l'entrée de M. de Freycinet au Ministère des Travaux publics, le 13 décembre 1877, et la mise à exécution du plan qu'il apportait, et qui conserve encore son nom malgré les extensions qu'il a reçues depuis, entraînèrent une réorganisation complète des services intérieurs. Au lieu d'un simple Directeur des Chemins de fer, on en eut trois, savoir, un Directeur de la Construction, un Directeur de l'Exploitation, et un Directeur général centralisant l'ensemble des services. Schlemmer fut nommé Directeur de l'Exploitation le 26 février 1878. C'est sous ce titre qu'il a conservé ses fonctions au Ministère des Travaux publics jusqu'au 24 novembre 1881.

Le passage de Schlemmer au Ministère fournit à

l'Administration centrale l'occasion de corriger les retards subis par son avancement. Nous avons vu plus haut qu'il avait été nommé Ingénieur en chef en 1872. Il reçut le 1er janvier 1877 la première classe de son grade. La croix d'officier lui fut donnée le 30 juillet 1878 par le Ministre de la Guerre, comme récompense de sa participation aux travaux des Comités chargés de l'organisation des voies ferrées au point de vue des exigences militaires. Enfin, le 16 septembre 1880, il reçut le grade d'inspecteur général de 2e classe.

Le temps d'un Directeur au Ministère est en grande partie absorbé par les séances des Commissions ou Comités auxquels il est appelé à assister. Schlemmer fut nommé successivement membre de la Commission des *Annales des Ponts et Chaussées*, membre de la Commission centrale des Chemins de fer, membre du Comité de l'Exploitation technique, membre permanent de la Commission de conciliation entre les administrations de chemins de fer et l'État, etc. Comme travail personnel il entreprit, à la même époque, d'utiles recherches sur les questions de tarifs et de trafics, sur les recettes et les dépenses de l'exploitation et sur l'application de formules et de constructions graphiques à la représentation des faits observés. Un peu plus tard, il réunit à sa Direction de l'Exploitation la Direction des Mines, qui a passé depuis entre les mains de divers Directeurs. Mais il resta à peu près étranger à la construction des nouvelles lignes et au développement qui a été donné pendant cette période au réseau français.

L'organisation créée par M. de Freycinet en 1878 subsista sans changement sous les deux ministres qui lui succédèrent, MM. Varroy et Sadi-Carnot. Elle fut supprimée en 1881 par M. Raynal, qui fut ministre pour la première fois du 14 novembre 1881 au 30 janvier 1882. En entrant au Ministère, M. Raynal annonçait quelques projets de réforme, pour lesquels il tenait à se trouver en parfaite communauté de vue avec les Directeurs appelés à le seconder. Il commença par supprimer la Direction générale et par rétablir une Direction unique, comme avant 1878. Schlemmer aurait pu reprendre alors la position qu'il avait à son entrée au Ministère en 1876. Mais quelques divergences d'opinions s'étant révélées entre M. Raynal et lui, il écrivit, le 23 novembre, au Ministre que, « pour lui laisser toute liberté dans le choix de ses plus proches collaborateurs, il le priait de le considérer comme démissionnaire de ses fonctions de Directeur de l'Exploitation des chemins de fer et des Mines ». Sa démission fut acceptée le 24 novembre, et Schlemmer quitta le même jour le Ministère, où il avait passé cinq années. Il reçut, en partant, le précieux témoignage des regrets du personnel qu'il avait eu sous ses ordres pendant sa Direction. Parmi ses subordonnés, plusieurs lui restèrent attachés dans la suite.

Schlemmer fut nommé, le 12 décembre 1881, Directeur du Contrôle des chemins de fer de Paris à la Méditerranée et se retrouva à la tête du service où il avait exercé, douze ans auparavant, les fonctions d'Ingénieur ordinaire. Ce service est le dernier de ceux qui lui furent confiés par l'État. Il le conserva jusqu'au 11 janvier 1885. A cette date il atteignait l'âge de soixante-cinq ans, et il fut admis à faire valoir ces droits à la retraite. Il avait quarante-trois années de service, sur lesquelles douze environ avaient été passées dans les Compagnies.

IV

Pour beaucoup de fonctionnaires la retraite est une véritable épreuve ; elle peut même devenir fatale à ceux qui, entièrement absorbés par leurs fonctions officielles pendant leur temps d'activité, ne trouvent plus, dès qu'on les en dépouille, aucun intérêt à la vie. Tel n'était pas l'Inspecteur général dont nous retraçons l'histoire. L'Administration centrale ne lui demandant plus son concours, il profita de sa liberté pour organiser son existence d'une manière agréable et productive ; à ce point de vue, il vaut mieux prendre sa retraite à soixante-cinq ans qu'à soixante-dix ; cinq ans de moins facilitent la création d'occupations nouvelles.

Déjà les affaires étaient venues au-devant de Schlemmer lorsqu'il était encore à la direction du Contrôle de Paris-Lyon-Méditerranée. Le 16 janvier 1884, il avait été appelé à jouer le rôle d'expert dans une grosse affaire plaidée devant le tribunal fédéral de Berne ; il s'agissait d'un procès entre l'entreprise Favre et la Compagnie des Chemins de fer du Saint-Gothard. L'expertise réunissait plusieurs Ingénieurs étrangers : M. Doppler, Ingénieur en chef autrichien, chargé du percement de l'Aarlberg ; M. Lisle, Professeur à l'École polytechnique de Suttgard, et M. Meyer, l'un des Ingénieurs les plus considérés de la Suisse occidentale. L'usage de l'allemand était indispensable pour suivre cette affaire, qui devait être plaidée et jugée en allemand au tribunal fédéral. Schlemmer accepta la mission très honorable qui lui était offerte et contribua, pour une large part, aux opérations de l'expertise et à la rédaction du rapport.

Cette même année 1884, il avait été nommé membre du Conseil d'administration de la Société d'Encouragement pour l'Industrie nationale, et était entré dans le Comité des Constructions et Beaux-Arts. Un des membres du même Comité, M. Huet, Inspecteur général, attaché autrefois, comme Schlemmer, à la construction du chemin de fer de Genève, a lu le 24 mars dernier, en Séance publique, une notice très intéressante et très bien faite sur le passage à la Société d'Encouragement du collègue qui venait de lui être enlevé, et dont la mort a excité d'unanimes regrets. Bornons-nous à dire ici qu'à plusieurs reprises il donna lecture au Conseil de rapports justement remarqués. Citons, entre autres, son rapport sur le montage des fermes de la Galerie des Machines à l'Exposition de 1889 par la Compagnie Fives-Lille ; celui où il donna la description du bouclier Berlier, appliqué au percement des galeries souterraines, et ses notices biographiques sur d'anciens collègues, l'une sur M. Baude, Inspecteur général des Ponts et Chaussées, membre du Comité des Arts mécaniques, l'autre sur M. Thirion, membre de la Commission des Fonds, son ancien Ingénieur en chef sur la ligne de Lyon à Genève.

Nous avons vu tout à l'heure que Schlemmer avait pris sa retraite le 11 janvier 1885. Le 19 mars suivant, le Conseil d'Administration de la Compagnie du chemin de fer de Bône à Guelma le nommait à l'unanimité administrateur. Une fois dans le Conseil, il devint bien vite membre du Comité de Direction. C'était prendre un rôle laborieux et actif dans ses fonctions nouvelles. S'y consacrant sans réserve, il satisfit à toutes leurs exigences, jusqu'à faire à deux reprises, en 1886 et en 1895, des voyages d'Inspection sur le réseau concédé, qui s'étend de l'Algérie à la Tunisie, et rayonne aujourd'hui sur une notable portion de la Régence.

Le 14 novembre 1885, il recevait un avis du Président du Tribunal de 1re instance de la Seine ; il venait d'être porté sur la liste des experts. Aussitôt commençait pour lui une série presque continue d'expertises, dans des procès presque toujours importants. L'expertise du Saint-Gothard lui avait donné, pour ainsi dire, l'avant-goût de ces sortes d'affaires.

Le 2 juillet 1890, il fut nommé administrateur de la *Société anonyme d'Éclairage et de Force par l'Électricité*. Le même jour, il devenait président du Conseil d'Administration de cette société.

On voit que Schlemmer a utilisé de plus d'une manière

les loisirs que lui laissait la retraite. Jouissant d'une belle santé qui semblait se fortifier avec l'âge, il avait conservé une activité surprenante et paraissait ne pas craindre la fatigue. Ses occupations si multiples lui laissaient encore quelques moments perdus, que la lecture venait occuper. C'est en mettant à profit les intervalles entre ses obligations successives qu'il a réussi dans ses dernières années à composer, en collaboration avec son gendre, M. Henri Bonneau, Ingénieur en chef, chef de l'exploitation adjoint des chemins de fer Paris-Lyon-Méditerranée, le bel ouvrage intitulé :

Recueil de documents relatifs à l'histoire parlementaire des chemins de fer français. Principaux discours aux Chambres. Exposé des motifs des projets de lois. Rapports, etc. — Paris, Vve Dunod et Cie, 1898.

L'ouvrage forme un volume in-quarto de 700 pages ; ce n'est rien moins que l'histoire documentaire des chemins de fer français pendant le premier demi-siècle de leur existence, depuis les débuts de 1833 jusqu'aux Conventions de 1883. Tous ceux qui s'intéressent à la question des voies ferrées ont apprécié à sa juste valeur l'œuvre produite et admiré la somme de travail qu'elle avait exigée des auteurs. Aujourd'hui le livre de MM. Schlemmer et Bonneau est répandu partout. On le trouve notamment sur la table des Directeurs des Compagnies, « à portée de leur main, » comme l'un d'eux l'écrivait à celui qui déjà ne pouvait plus le lire.

L'accueil fait à cet ouvrage aurait vivement flatté Schlemmer ; mais il ne put entendre que les premiers accords d'un concert de louanges auquel il aurait été très sensible. La distribution des volumes s'est faite pendant la maladie qui devait l'emporter. Il s'est endormi au milieu d'un dernier succès.

V

L'automne de 1898 a été très beau en France ; cette circonstance a fait ajourner le retour à Paris pour beaucoup de familles. Schlemmer était resté dans son *Pavillon* de Montigny-sur-Loing bien au-delà de l'époque habituelle de sa rentrée en ville. Vers le milieu d'octobre, à la suite d'un refroidissement accidentel, il fut atteint de pneumonie. La maladie suivit d'abord un cours régulier, avec alternatives d'apaisement et de recrudescence. Le malade avait encore une force remarquable, et son tempérament faisait présager une issue favorable. Le mieux était assez sensible au commencement de novembre pour qu'on annonçât la convalescence comme prochaine. Cet espoir n'a pas tardé à s'évanouir. Des rechutes se sont produites, la fièvre a repris plus intense et plus continue, et les forces du malade n'ont servi qu'à prolonger son agonie. Il s'est éteint le mercredi 30 novembre 1898, à cinq heures du matin. Il allait avoir soixante-dix-neuf ans.

« La vie de l'homme est bornée à soixante-dix ans, et à quatre-vingts pour les plus robustes. » Peu nombreux sont ceux qui dépassent la limite la plus élevée. Schlemmer en a approché sans l'atteindre. Homme du devoir, homme de conscience, la mort l'a trouvé « ceint et prêt à comparaître ». Il l'a attendue sans la craindre, « avec la résignation du philosophe et du chrétien ».

Le cimetière de Montigny, où il dort son dernier sommeil, est à la lisière de la forêt de Fontainebleau, entouré de beaux arbres, dans un site admirable qui respire la paix. C'est là que, le 2 décembre, il a été conduit à sa dernière demeure par sa famille toute entière, par de nombreux amis. Aucune convocation officielle n'avait été envoyée pour cette cérémonie tout intime ; aussi point de députation du Corps des Ponts et Chaussées, point d'honneurs militaires (*). M. Alfred Mézières, de l'Académie française, a retracé en quelques paroles émues les grands traits de la carrière et les éminentes qualités de l'ami qu'il avait perdu.

Dans la biographie trop sommaire que nous venons de consacrer à sa mémoire, nous avons cherché à montrer en Schlemmer l'ingénieur, l'administrateur, l'auteur d'ouvrages estimés. Combien de traits devraient être ajoutés à notre esquisse, s'il avait fallu caractériser l'homme lui-même considéré dans sa riche nature ! Schlemmer était très bien doué à tous les points de vue : arts, sciences, lettres, philosophie, il goûtait tout ce qui était bon, tout ce qui était beau. Aussi sa vie a-t-elle été heureuse. Homme du monde, il a connu les succès des salons ; fonctionnaire, il a fourni une carrière honorable et bien remplie. Mais c'est surtout dans sa famille qu'il fallait le voir, près de ceux qu'il aimait et dont il était fier, près de sa femme et de ses enfants, de ses huit petits-enfants bien-aimés. C'est là qu'on aurait pu admirer cette belle vieillesse patriarcale, éclairée par sa bienveillance et son enjouement, entourée de l'affection respecteuse de tous. Pour nous, qui l'avons vu de si près, qui l'avons suivi de si longue date, c'est dans ce cadre que nous aimons à replacer par la pensée l'excellent frère, le compagnon sûr et fidèle des heures de joie comme des heures d'épreuve, qui manque tant aujourd'hui à notre vieille amitié.

Paris, le 15 avril 1899.

(*) Le corps des Ponts et Chaussées a pourtant été virtuellement représenté par le Ministre des Travaux publics, M. Camille Krantz, accouru de Paris pour suivre jusqu'au bout le convoi de l'*Oncle Georges.*

Tours. — Imprimerie DESLIS FRÈRES.